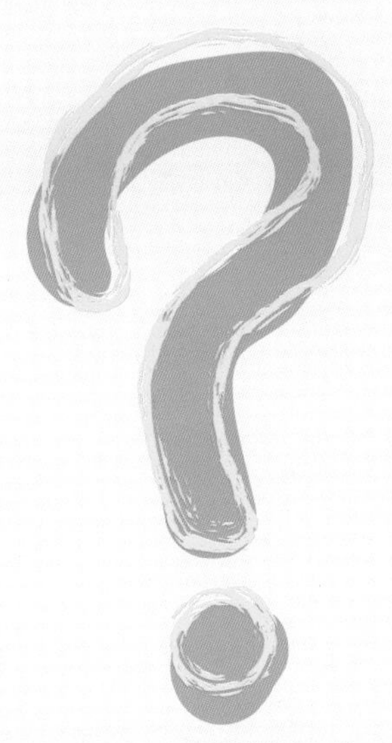

献给对世界充满好奇的孩子们

U0195767

写给孩子的"为什么"大百科

生活·科学·历史篇

[法]路易斯·维尔科斯——著
[法]贝努瓦·佩鲁——绘
李新艳 张泠——译

浙江文艺出版社

First published in France under the title:
Mon encyclo des pourquoi. 200 questions et réponses pour tout savoir
Louise Vercors, Benoît Perroud
© 2022, La Martinière Jeunesse, une marque des Éditions de La Martinière,
57 rue Gaston Tessier,75019 Paris
The Simplified Chinese translation rights arranged through Rightol Media
(本书中文简体版权经由锐拓传媒旗下小锐取得 Email:copyright@rightol.com)

本书简体中文版权为浙江文艺出版社独有。
版权合同登记号：图字：11-2022-320号

图书在版编目(CIP)数据

写给孩子的"为什么"大百科.生活·科学·历史篇/(法)路易斯·维尔科斯著;(法)贝努瓦·佩鲁绘;李新艳,张泠译.—杭州:浙江文艺出版社,2024.5(2024.7重印)
ISBN 978-7-5339-7558-6

Ⅰ.①写… Ⅱ.①路… ②贝… ③李… ④张… Ⅲ.①科学知识—儿童读物 Ⅳ.①Z228.1

中国国家版本馆CIP数据核字(2024)第060955号

责任编辑 柳聪颖　　**责任校对** 许红梅
责任印制 吴春娟　　**封面设计** 吕翡翠
营销编辑 宋佳音

写给孩子的"为什么"大百科:生活·科学·历史篇

[法]路易斯·维尔科斯　著
[法]贝努瓦·佩鲁　绘
李新艳　张　泠　译

出版发行 浙江文艺出版社
地　　址 杭州市环城北路177号
邮　　编 310003
电　　话 0571-85176953(总编办)
0571-85152727(市场部)
制　　版 杭州兴邦电子印务有限公司
印　　刷 浙江全能工艺美术印刷有限公司
开　　本 787毫米×1092毫米　1/16
印　　张 7.5
版　　次 2024年5月第1版
印　　次 2024年7月第2次印刷
书　　号 ISBN 978-7-5339-7558-6
定　　价 39.80元

版权所有　侵权必究

目录 CONTENTS

生活

科学

历史

为什么会有不同肤色的人？

很久很久以前，人们分散开来到世界各地去生活。有些人搬到了日照特别强烈的地方；有些人则迁到太阳不怎么光顾的地方。人的身体为了适应环境而发生变化。为了防御强烈的光照，人的皮肤会产生黑色素，这种色素让人肤色变深，对人体形成保护。所以生活在阳光充足地区的人肤色更深；而生活在阳光没那么充足的地方的人肤色更浅。这种现象被称为“进化”。

为什么会有不同的语言？

因为我们生活在不同的国家呀！地球很大，世界很多样，这样才精彩。有一种假说认为汉语、法语、英语以及世界上现存的其他七千多种语言都源自同一种语言。后来因为人们分散到世界各地生活才导致语言分别发展，演化成了各种不同的语言。在巴布亚新几内亚这种热带国家，人们肯定不会创造“汤圆”和“下雪”这样的词，因为当地根本不吃汤圆，也从不下雪。要是实在说不明白，用手比画可能沟通效果更好呢！

为什么会有我？

因为爸爸的一颗精子与妈妈的一颗卵子浪漫地邂逅，又完美地结合，形成了一颗小小的受精卵。受精卵在妈妈温暖的子宫里经过大概九个月的成长和准备，终于从妈妈肚子里出来，从胎儿变成小宝宝，这就是你的出生过程。以前人们会说女孩子是从玫瑰里生出来的，而男孩子是从菜花里冒出来的，还有人说小宝宝是鹳鸟送来的……简直是无稽之谈！

为什么妈妈能生宝宝，爸爸却不能？

自然界中绝大多数的动物，尤其是哺乳动物，都只有雌性才拥有子宫，这个神奇的小口袋能够孕育生命。雄性没有子宫，当然没法生宝宝。人类繁育后代，需要一个男人和一个女人共同创造新生命。但是有些动物，雌雄同体，每个个体都有繁殖能力，比如蜗牛。还有一些物种，比如竹节虫、双髻鲨和沙原鞭尾蜥，它们具有孤雌生殖的独特能力，也就是说它们不需要雄性也能够繁育后代。

为什么我长得像爸爸妈妈？

你是不是经常听人说“你长得可真像你爸爸”或者“你跟你妈妈简直是一个模子刻出来的”？确实，你跟你的爸爸妈妈很像，就像是爸爸或妈妈的翻版，你完美结合了长辈们的长相：跟妈妈一样的眼睛，跟爸爸一样的嘴巴，还有跟奶奶一样的头发！这都是遗传基因决定的。基因是控制生物性状的基本遗传单位，是基因让你拥有了黑头发、黑眼珠、翘鼻子、小耳朵、长睫毛……除了忠实地复制自己之外，基因还有一个特点，就是能够突变。但突变绝大多数会导致疾病哦！

为什么我有性别？

当你还是妈妈肚子里的一颗受精卵时，你既不是男孩儿也不是女孩儿。长到八周左右，决定性别的基因会诱使你长出一对睾丸，之后形成“小鸡鸡”，拥有这样的基因就是男孩。而女孩没有这个基因，在男孩长睾丸的位置会形成一对卵巢。在你二十周左右时，医生就能通过检查知道你到底是男孩还是女孩了。（根据相关政策，我国不支持非医学需要的胎儿性别鉴定哦！）

为什么我有名字？

名字可以让别人知道你是谁呀！子安、蓁蓁、晓博，多好听啊！你还有一个姓，可能是爸爸的，也可能是妈妈的，姓氏能给你归属感。姓名的作用是让大家将你和小伙伴们区分开。在有些文化中，名字具有特殊的含义：阿拉伯语中“努尔”这个名字代表“光芒”；布列塔尼语中“提图安”这个名字有“行路者”的意思；而汉语里面的“瑜”意思是“玉的光彩”。

为什么我记不起出生那天的事情？

因为你出生的时候，记忆功能还没开始运转。不过很快你就能调动记忆去辨认爸爸妈妈的面孔，认出你的奶瓶和玩具，认识你自己的房间。然后，你一点点地学会走路、说话……这一切都是记忆的功劳。你如果问爸爸妈妈是不是记得他们四五岁之前的事情，他们的答案应该是否定的。这很正常，因为人很小的时候，有太多东西要学，大脑会在这些信息里面做筛选，留下有用的，删除没用的。幸好人们发明了照相机和摄影机，照片和视频确实帮我们留下了很多珍贵的回忆！

为什么我的表弟有一个跟他同一天出生的姐姐？

因为他们是双胞胎啊！绝大多数时候，妈妈的一个卵子和爸爸的一个精子结合，会创造出一个宝宝。但有时候，一个受精卵会分裂成两个，这样就会生出同卵双胞胎宝宝。还有一种可能是两个卵子和两个精子结合，这样就会生出异卵双胞胎宝宝。如果是同卵双胞胎，那他们两个就会像两滴水一样，几乎一模一样；如果是异卵双胞胎，那他们的样子会有所不同。但是同一天出生并不代表他们会有同样的喜好和性格。他们喜欢待在一起，可能是因为这样就显得没那么好欺负了！

为什么我那么爱我的毛绒玩具？

因为你的毛绒玩具让你感到安全，在你害怕的时候，它让你想起你柔软的床、爸爸妈妈温暖的怀抱，而且它有一种让你熟悉又沉醉的味道。你的毛绒小伙伴喜欢轻吻，喜欢听你讲学校里面发生的事情，喜欢玩特别好玩的游戏。如果你不小心弄丢了你的毛绒小伙伴，你一定会很伤心，但是要相信它一定在某个地方想念着你，在默默地祈祷你变得更坚强。肯定会有那么一天，它也能跟你一样学会独立，你不要担心。趁现在，快去抱抱它吧！

为什么我长大了 不能跟爸爸或者妈妈结婚？

爸爸妈妈的怀抱多么美好、多么温暖啊！你是不是想永远待在他们的怀抱里，听他们讲故事？你对爸爸妈妈的爱，跟爸爸妈妈之间怦然心动的爱是两回事儿。他们两个深深相爱，同时他们也深深爱着你，爸爸妈妈对你的爱高于世上的一切，而且永远不会消失。你不能取代他们中的任何一个，这就是你不能跟他们中的任何一个结婚的最简单的原因。

为什么娜娜有两个家？

那是因为她的爸爸妈妈分开了。爸爸妈妈可能不再相爱，不能继续生活在一起。这对每个家庭来讲都是件令人难过的事儿。不过，这是大人们之间的事儿，孩子们千万不要觉得是自己的错。而且要相信，无论爸爸妈妈的相处模式发生怎样的变化，他们都还是你的爸爸妈妈，他们对你的爱终生不变。

为什么小希需要坐轮椅？

可能她出过车祸，或者是得了什么病所以没法正常走路，而轮椅能够帮她行动自如。但她仍然跟你一样是个爱玩、爱笑、爱吃糖果、爱做梦和爱运动的孩子。世界上有各种各样的残疾：有人看不见，有人听不见，有人不会说话。但是每个人都会有自己独特的成长方式。接受别人的不同，其实并没有想象中那么难。

为什么在学校里大家都嘲笑我？

能被嘲笑的原因有很多，太矮了、太高了、太胖了、头发太卷了……反正如果谁存心想嘲笑你，他总是能找到理由。有人总是无缘无故地找你的碴儿，可能是因为他嫉妒你，或者是因为他自己很痛苦，给你找别扭就成了他发泄情绪的方式。遇到这种情况，你一定要告诉老师和爸爸妈妈，他们会尽快阻止此类事情的发生。倾诉和寻求保护都非常重要。没人有权利让你不舒服。你是独一无二的，跟别人不一样绝不代表你很奇怪。

为什么我会嫉妒小欧？

你嫉妒小欧可能是因为他有的玩具你没有，这样一来，你拥有的好玩的一下子就逊色起来了。你也有可能嫉妒刚出生的弟弟妹妹，因为爸爸妈妈对他们更关心、更耐心。你会觉得自己被爱得少了、被忽视了，好像全世界你最孤独。嫉妒是很痛苦的感觉，这种感觉很可能促使你做出让人后悔的事情。如果你能停止跟别人比，嫉妒的感觉就会消失，你也会变得更加幸福。

为什么昊辰喜欢布娃娃，而娜娜却喜欢踢足球？

每个人都有权利选择自己喜欢的游戏和玩具。没人规定女孩子只能喜欢布娃娃和过家家，而男孩子只能玩小汽车或打打闹闹。女孩子也可以成为恐龙迷，男孩子当然也有权利穿亮晶晶的衣服。你可以去做自己喜欢的事情，当然，前提是这不会伤害任何人。

为什么我要听爸爸妈妈的话?

“快睡觉去”“别忘了刷牙”“要有礼貌”“别欺负妹妹”……爸爸妈妈好像总在身后盯着你，随时挑你的毛病，真是受不了。但是，实际上并不是这样的，爸爸妈妈要照顾你，对你的健康和教育负责。他们要为你、为家庭做决定。爸爸妈妈也会倾听你的想法，给你一定的自由选择权。要知道，大人们也要遵守很多要求。如果没有规矩，生活就会变得一团糟。

为什么要有礼貌？

讲礼貌能够让你跟大家相处得更和谐。无论是在家里，还是在学校，无论是跟家人还是跟朋友，都要保持礼貌。试想一下，你去买面包，你对着售货员阿姨大喊：“快给我拿面包来！”天哪，这太可怕了！你应该这么说：“阿姨，您好。我想买一个面包，麻烦您啦！”你这样的乖小孩一定会让阿姨非常开心，看到别人因为你而变得开心，你也会快乐起来。我们在这个世界共同生活，如果每个人都献出一点爱，那世界一定会变得更加美好！

为什么我要做无用的事？

是啊，为什么呢？为什么要叠被子呢？晚上睡觉不是还要盖吗？为什么小伙伴来家里，我要先收拾房间呢？他们来我房间玩，房间不就马上又乱了吗？为什么早上要刷牙呢？中午不是还要吃饭吗？你的这些疑问听起来还挺有道理的。不过，正是这些看似不起眼的小习惯帮助你提高了社会性，教你学会了尊重他人、与人相处，让你养成了良好的卫生习惯，避免许多疾病的发生，也让你对自己更负责。所以这些你觉得无用的事情，其实益处多多哦！

为什么总要我快一点儿？

“赶快把汤喝完！都快凉了。”“快点儿，要迟到了！”这些话你已经听了很多遍，是不是都听烦了？是啊，你跟大人们的生活节奏不太一样，也没有跟大人一样的时间观念。爸爸妈妈总是忙得一点儿空都没有，而你却常常有大把时间不知道干什么……时间是个相对的概念，具有一定的弹性，长和短要根据具体情况来定！如果你觉得爸爸妈妈太匆忙了，你可以跟他们直接沟通，请他们再耐心一点儿！

为什么我会做蠢事？

做蠢事其实是你积累经验教训的必经之路。在妈妈的书上作画，哎呀，画得真漂亮！在客厅的白沙发上吃巧克力冰淇淋，哎，这多惬意啊！把玩具重重地摔在地上，哈，我可真有劲儿！唉，快别这么干，这些行为既不美，也不好玩，更谈不上令人赞赏。如果你是第一次做这些蠢事儿，爸爸妈妈会耐心地给你解释为什么不可以这样做。可能你当时会很不开心，但是要知道他们真的是为你好。

为什么我会说谎？

当你知道自己做了蠢事儿又不想被批评的时候，你可能就会说谎。“不是我干的！”你大声为自己开脱。“说谎鼻子会变长哦！”爸爸妈妈常常会这样吓唬你。跟小伙伴们吹吹牛也挺有趣的，也许你会信誓旦旦地跟他们说“我家花园里养着一只恐龙”。人这一辈子或多或少都会说一些假话。谎言有时很可怕，一个小小的谎言最终可能会变成弥天大谎。但是，有时候为了保护别人，我们讲话也需要有所保留。

为什么我会生气？

你不想穿鞋？你不想把自己的玩具给别人玩？睡觉之前不让你吃糖你觉得不公平？有种情绪渐渐从你心底升起，越来越强烈。你的脸开始变红，越来越红，像个西红柿。然后，“嘭”的一下，愤怒爆发。你大哭、尖叫、打滚……过一会儿，当你平静下来时，你会觉得自己好像突然没了力气。愤怒是很正常的情绪，是你成长过程中必不可少的一部分，是你在用自己的方式表达不满。当你长大以后，即使很生气，你也不会这样发泄，你会选择用语言表达，用沟通解决问题。

为什么我会跟朋友吵架？

吵架的理由太多了，玩游戏你们发生分歧，你发现他耍赖，他没经过你的同意就拿走了你最爱的玩具，到了约定的时间可他迟迟未到……争吵跟愤怒一样，对解决问题丝毫没有帮助，但争吵能让你明确且大声地说出你想要怎样，告诉对方什么让你不舒服。争吵并不可怕，只要你们能适可而止，然后冰释前嫌、重归于好。

为什么我必须上学？

因为学校是很棒的地方啊！在学校里，你可以学到很多东西：算术、画画、唱歌，还能听有趣的故事，跟老师和同学们去不同的国家旅行，领略缤纷的文化。你变得会思考，能理解周围的世界，并对一切保持好奇。你能学会跟别的孩子相处，跟大人们相处，学会遵守规则，更好地融入社会生活。你还可以变得独立，也就是说变得有能力独自处理事情，跟大人一样自己做决定。除了这些，学校最精彩的地方在于你能在那里交到很多朋友！

为什么老师知道这么多东西？

老师知识如此渊博、懂得那么多道理，是因为老师也上过学！而且老师每天都在学习新东西。跟着老师学习，小朋友们知道了为什么晴朗的天气也会很冷，懂得了为什么雨水会把一切都弄得湿乎乎的，学会了1＋1=2。老师教会小朋友们正确地使用铅笔，让小朋友们记住说话前要先举手，老师给大家安排课间休息，还告诉小朋友们不要欺负同学。总之，老师就是一个能解答小朋友们各种疑惑的超人。

为什么我不能扮成超级英雄去上学？

早上，你开心地换上公主裙或者套上蜘蛛侠的紧身衣。扫兴的是，爸爸妈妈让你立刻换回日常服饰。唉，真没劲。但是你想想，什么时候爸爸妈妈穿着道具服去上班了？从来没有吧。道具服是供人娱乐的，而学校是让我们专心学习的地方。遵守规则确实有些令人讨厌，但是必须做到，只有这样你才能成长为一个成熟的大人。不过只要你回到家中，扮成老虎都没人管！

为什么我跑一天都不会累？

课间休息的时候，你兴奋得不停奔跑，好像走路太慢会浪费时间一样。你跑着捡球、跑着追鸽子。你还跟朋友们跳水坑、跳房子、捉迷藏……原因很简单：即使很小和没那么好动的孩子，也比成年人甚至运动员更有耐力，而且孩子们的体力恢复得更快。这是由年龄决定的。另外，课间奔跑是在充分利用可以玩耍的时间，因为很快你就要回到教室认真听课了！

为什么要学习柔道、钢琴和跳舞？

因为有太多东西等着你去发现，所以最好早点儿开始！你很小的时候，还不知道自己到底喜欢什么，父母会为你报名参加各种兴趣班，比如绘画班、音乐班，或者让你参加体育运动。你或许喜欢打乒乓球、打网球，或许喜欢跳舞、拉小提琴，但过段时间却又没有兴趣了。如果是这样，你可以试试别的东西，或者就干脆停止尝试。但别忘了给自己留点时间，什么也不做，只天马行空地想象就好啦……

为什么爸爸妈妈要工作？

因为他们要挣钱来满足家庭日常生活的开销，比如：买房子、买吃的、买衣服、买书、买玩具等等。当然他们也应该享受生活，比如：看个电影或出门旅行……很多成年人能选择自己喜欢的工作，但也有一些人讨厌自己的工作。不管怎样，有份工作很重要。除了赚钱之外，工作还会让人觉得自己有价值，也让人有机会与他人沟通并结交更多朋友！

为什么我想当消防员不想当牙医？

每个孩子都有自己想做的事情，比如拯救生命、教外语、教数学、在空中飞翔……有时候，你会受爸爸妈妈的影响，想成为学者、消防员或者银行家，还有人想当仙女，甚至想当魔法师！可是替人看牙这件事情对小朋友们没什么吸引力，即使牙医是保证我们身体健康不可或缺的职业。但不管从事哪种职业，认真负责的人都应该受到我们的尊敬！

为什么我想快快长大？

因为你想快点自己说了算，而不是像现在这样做什么爸爸妈妈都要管，更不会像现在这样总是被爸爸妈妈强迫做这做那。穿什么衣服，吃什么东西，什么时候出去玩，看什么电视节目，这些你都想自己做决定。但是，换个角度想想，做个小孩子也挺好的：大部分时间你只需要快乐玩耍！耐心点儿吧，小朋友，总有一天你会长大！

为什么太阳会发光？

太阳是一颗恒星，是一个表面温度大约6000摄氏度、充满气体的大火球。自从太阳诞生，大约50亿年以来，它一直在发光发热。太阳诞生后，太阳系形成了，太阳照亮了围绕它旋转的八大行星和太阳系中的其他星体。地球是八大行星中最幸运的，因为地球距离太阳既不远也不近，是目前已知的唯一一颗有生命的行星。

为什么白天看不到星星？

这个说法并不准确。至少你可以看到太阳！从本质上讲，太阳是一颗恒星，是距离地球最近的恒星。白天，与它的强烈光芒相比，周围的其他数十亿星体都显得暗淡无光。但到了晚上，当太阳照耀地球另一边的时候，我们就能看到夜空中无数像钻石般闪耀的星星了。近年来，城市中的光污染越来越严重，光污染像一层纱幕掩盖了星星发出的光，所以离城市越远，你看到的星星就越多。

为什么白天天空是蓝色的，到了晚上却变成黑色的？

这还是因为太阳！太阳光实际上是由七种颜色的光组合而成的。太阳的光进入包裹地球的大气层，其中波长较短的蓝色光和紫色光最容易被散射，所以天空会现出蓝色；到了晚上，太阳不能再直射你所在的半球，对你来说，太阳光就消失了。如果太阳光没有遇到阻挡它的东西，没能被反射回地球，那么你看到的天空就漆黑一片，只有星星在闪烁。但太阳光照到月球上，月球又把太阳光反射到地球上，所以你会看到月亮在神奇地发光。

为什么金星不是恒星？

金星是一颗行星，它位于太阳和地球之间，你能看到它是因为它会反射太阳的光。一般在傍晚或清晨，你都能看到明亮的金星挂在天边。金星被称为“牧羊人的星星”，是因为以前牧羊人在野外全靠它辨认方向：晚上它挂在西边，早上它所在的方向是东方。有时候你在天空中还能看到一闪而过的光点，它们可能不是星星，而是人造卫星或者国际空间站！

为什么我感觉不到地球在转动?

你的身体感受不到地球恒定的速度，但在坐车或乘电梯时你能感受到加速或者减速。地球24小时都在不停地自转。你感觉不到是因为地球太大，人类太渺小，而且地球自转的速度是不变的。举个例子，比如你正坐在车上，车辆匀速行驶时你感觉不到它在前进，你知道车在动是因为车窗外的景物在不断后退。如果你想证明地球的自转，你只要观测夜空一整晚就可以了。找一颗遥远的星星，然后耐心观察，你会发现星星的位置会随着时间的推移不断变化。是星星在移动吗？当然不是，是地球在自转！

为什么地球是圆的，我却不会摔倒？

过去，在很长一段时间里，人们都以为地球是平面的。直到大概五百年前的大航海时代，人们乘船实现了环球之旅才证实地球是圆的。现在，我们还进一步知道了地心引力，地球像一个大吸铁石把我们每个人都牢牢地吸在地面上，这就是地心引力。无论你跳得多高，你都会落回地面，不会悬在半空！无论你人在南极还是北极、中国还是意大利，你都能保持脚朝地、头朝天的姿势。

为什么月亮的形状会变化？

月亮喜欢跟太阳和地球玩捉迷藏，它藏起来的时候，看上去形状就变了。事实上，月球是一个圆形的星体，它以27.32天为周期绕着地球转动，同时也完成自转一周。这也是为什么你看到的总是月球的同一面。当地球位于太阳和月亮之间的时候，你看到的就是又圆又亮的“满月”；当月亮位于太阳和地球之间的时候，你就看不见它了，这就叫作“朔月”。

为什么我没碰到过外星人？

其实我们并不确定外星人是否存在。几百年来，天文学家一直在努力探索外太空，寻找外星生命的迹象。科学家们坚持不懈地在别的类太阳恒星周围寻找是否有其他跟地球类似的“宜居”行星，这样的行星至少要符合两个条件：第一，表面有岩石构造；第二，与它所围绕的恒星距离适中，具备合适的温度。但这种“外星”大多数都离我们的太阳系十分遥远，想要进行细致的研究实在是太难了。

为什么我不能在云上行走？

云是由特别小、特别轻的水滴或（和）冰晶构成的，这些水滴和冰晶可以浮在空中，但是却没法承受你的重量，如果你站在云上，那么很不幸，你会把云踩漏然后掉下来。这些小水滴是从哪里来的呢？起初它们就是江河湖海中的水，太阳的照射使一部分水蒸发成肉眼看不到的水蒸气。水蒸气升腾到一定高度，空气变冷，就会凝结成细小的水滴和冰晶，这就形成了云。云有许多不同的形状，也因在天上的不同高度、形态而分为许多种。

为什么会下雨、下雪、下冰雹？

构成云的小水滴变得越来越大、越来越重，没法继续留在空中，它们落下来，就形成了雨。如果气温降到零度以下，水滴在云层中或下落的过程中就会凝结，形成雪花。有时候，温度急剧下降，积雨云中的水滴会结成较大的冰团，落下来就是冰雹。小冰雹跟豌豆差不多大小，但大的冰雹可以像甜瓜那么大。冰雹会毁坏田里的庄稼，还会砸坏房子和汽车，给我们的财产带来巨大损失。

为什么会有彩虹？

下雨的时候，太阳并没有停止发光。悬在空中的水滴会折射及反射太阳光，在天空中形成拱形的七色彩虹，彩虹由外圈至内圈呈红、橙、黄、绿、蓝、靛、紫七种颜色。观察彩虹一定要具备阳光在你身后、雨在你面前的条件。不过你永远也摸不到彩虹，因为你一动，彩虹也会跟着动。

为什么会有影子？

你的身体阻挡了光线，会在地面或其他物体上映出影子。如果你是透明的，光线能穿透你，你就不会有影子。当你面对太阳时，你的影子会出现在身后，你走到哪儿它都紧紧跟着你。当你背对太阳时，你的影子会跑到你前面去。影子一会儿高，一会儿矮，一会儿深，一会儿浅。中午的时候，影子很短，那是因为太阳在你的正上方。早上和晚上太阳位置低，这使得你的影子看起来长着两条不可思议的长腿。

为什么我看不见风？

谁说风是看不见的？袅袅升起的炊烟、婆娑抖动的树叶、随风飞舞的头发……这些都是你眼前的“风”啊！风是由空气流动引起的自然现象。风可能又干又热，比如焚风；可能很冷，形成暴风雪；也可能不冷不热，就是和煦的微风。有时候，猛烈的风会形成龙卷风，席卷一切的龙卷风威力强大，人、动物等常被它卷到空中！

为什么会有风暴？

通常情况下，热空气和冷空气在地球表面有序地交换，这就形成了我们熟悉的“风”。但有时候，冷热空气相遇的速度太快、相撞得太猛烈，形成的风就会特别强，还会伴有强降雨。热带海洋表面水温超过25摄氏度时，在特定的条件下，热空气急速旋转上升，形成风柱，这会变成可怕的飓风、台风或者龙卷风，这时候的风速能达到30米/秒，这么快的移动速度可能会给人类带来大麻烦。

为什么雷雨的时候我不能站在树下？

天空中有时会出现浓厚庞大的积雨云，这种云是由细小的水滴和冰晶（上层）组成的。积雨云出现时常伴有雷电，有时候会形成闪电，也就是能量巨大的放电现象。闪电总是会瞄准比较高、比较尖的物体，比如大树。所以雷电交加的时候，千万不要站在树下。为了避免闪电带来的危害，人们发明了避雷针，这种尖尖的金属装置可以安装在建筑物顶端，能吸引电流并把电流导入地下。

为什么会打雷？

有的云带正电，有的云带负电，两种云碰到一起，就容易产生闪电，同时会释放出很大的热量，使周围的空气受热、膨胀，引发强烈的轰鸣声，这就是我们所说的雷声了。通常我们都会先看到闪电再听到雷声，这是因为在空气中光的传播速度比声音的传播速度快。不过请放心，无论雷雨多么大，只要你乖乖待在家，就不会有危险。

为什么一年会有四季？

地球24小时不停地绕着地轴转动，这条连接南极和北极、微微倾斜的轴线就是四季更替的最佳解释。地球绕着太阳公转，南、北半球在同一时间接收到的太阳热量是不同的。北半球因为地轴倾斜而距离太阳更近的时候，北半球就是夏天，这时候距离太阳相对较远的南半球就是冬天。六个月以后，地球绕到太阳的另一面，情况就恰好反过来。所以，当你穿着厚厚的棉衣时，另一半球的小朋友可能正穿着短裤，在沙滩上玩耍哦！

为什么有的国家很炎热，有的国家很寒冷？

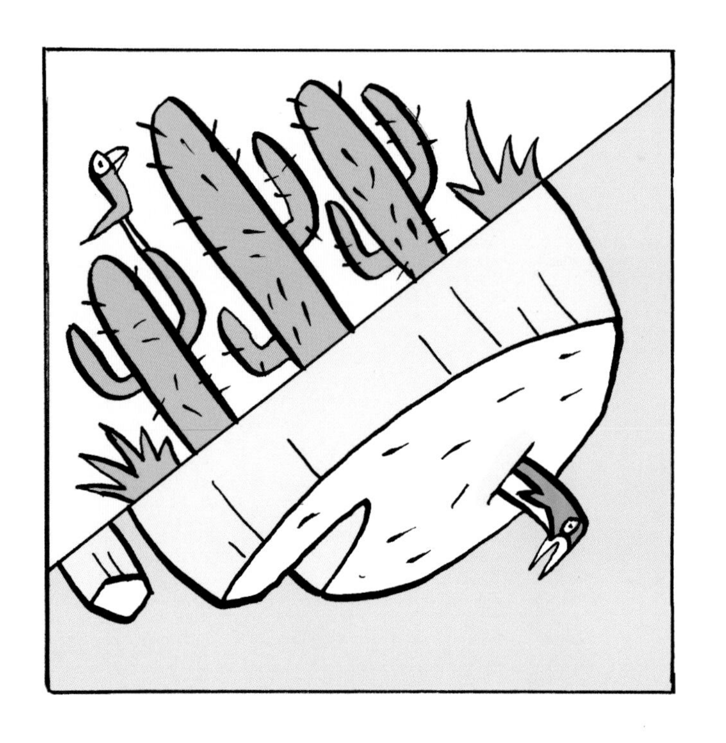

太阳向各个方向散发光和热，但是地球上的不同地区接收光和热的程度并不相同。赤道地区，一年有两次太阳直射，获得的光热多，气温高，在洋流和风的作用下形成干旱的沙漠、潮湿的雨林。而南极和北极不能得到太阳直射，所以那里寒风凛冽、气温极低。所以，位于赤道附近的国家很炎热，而离南极、北极较近的国家则比较寒冷。

为什么我们能预知天气？

因为我们有许多种设备和方法：卫星、雷达、探空气球等，它们能帮我们更好地研究天空、确定雨带、观测风、检测云……然后，我们用电脑分析收集到的信息，这些都属于气象学的范畴。预报天气主要是为了避免人们遭受风暴、雷雨、寒潮、酷热等灾害天气带来的损害。飞机飞行和船舶出海之前也都必须准确地知道天气情况，避免事故发生或者降低灾害损失。

为什么要有年、月、日？

日期是全世界人们保持同一个时间参数的重要因素，也是我们记录历史的重要依据。早在公元前，古埃及人就制定了太阳历，把一年定为365天，并分为12个月，每个月有30天。古巴比伦时期出现了星期制，一周有7天。现在，我们都知道一小时有60分钟，一分钟有60秒。但事实上，60这个数字在大约五千年前就被选中，可能是因为这个数字比较容易被拆分吧。

为什么会有山？

地球是在很久以前形成的，确切地说，地球已经有45亿多岁了。大陆漂移说认为，最初地球上只有一块陆地，后来斗转星移，这块陆地裂成好几块。现在，地球的表面由一些巨大的板块构成，很像你平时玩的拼图。板块的有些部分在海平面以下，有些部分在海平面以上。当两个板块撞击时，它们相互挤压就形成了山脉。比如，印澳板块和欧亚板块相互撞击和挤压，形成了现今世界上最高的喜马拉雅山脉，其最高峰的海拔高度超过8000米。

为什么会地震？

地球是不断运动的！我们星球的构造就像一颗大大的桃子：最内部是地核，里面满是滚烫的金属；地核外面是地幔，是地球的主体部分；最外面的一层是地壳，地壳由移动的板块构成。这些板块不断移动，它们互相接近或者逐渐分开。绝大多数时候，你是感觉不到板块运动的。但是有时候，板块边缘及板块内部产生错位和破裂时，会引起地震，给我们的生活带来严重灾害。

为什么火山会喷出火和岩浆？

火山活动是地壳运动的一种形式。地壳深部和上地幔有一种熔融物质，叫作岩浆。在一定条件下，岩浆会从火山口喷溅出来，这就是我们所说的火山喷发。有的火山喷发熔岩只是平静地从火山管里流出，形成壮观的熔岩瀑布和熔岩河流，比如夏威夷群岛火山。而有的火山爆发非常猛烈，会喷出大量的气体、灰烬、岩石碎屑及熔岩物质。这种火山喷发最为危险，也很难预测。

为什么会有洞穴？

天然洞穴通常是水的侵蚀作用或风与微生物等其他外力的风化作用形成的。雨水渗入地下缝隙，把质地较软的岩石溶蚀成空，就形成了洞穴或者幽深巨大的地下水洞。有些水洞里面能看到颜色雪白、奇形怪状的石钟乳。石钟乳是自上而下增长而成，自下而上增长的叫作石笋，两者相接，形成石柱。地球上有成千上万的洞穴，但其中大部分都还没被人探索。

为什么说地球是一颗蓝色的星球？

从太空看，地球确实是一颗蓝色的星球。江河湖海占据了地球表面约71%的面积，地球上的水确实很多。你站在海边，会发现海水是蓝色的，那是因为海水会反射和散射阳光中波长较短的蓝色光，而波长较长的红色光和黄色光则被海水吸收了。所以，阴天的时候，太阳光较少，海水也就跟着暗淡起来了。如果你想去海边玩，最好挑个好天气哦！

为什么不能喝海水？

因为海水是咸的，根本无法下咽，当然海洋生物们能咽得下去！数十亿年前的火山爆发，喷出了大量的灰烬、烟尘和气体。其中一部分物质所含的氯（盐的主要成分）散落在海洋中导致海水变咸。还有一部分咸味是大雨带来的，猛烈的雨把岩石中所含的盐分冲刷下来，盐分被小溪送入江河，最终被带进大海。

为什么每天会有两次潮汐？

潮汐是月球和太阳的引力作用的结果，这种神奇巨大的力量不只能吸引海洋，也能吸引陆地。我们更容易注意到潮汐，是因为海水的变化更明显、更易于观察。现在习惯上把海面垂直方向的涨落称为“潮汐”。因为太阳距离地球比较远，所以它对海洋的吸引力比月亮要弱。当太阳和月亮处在一条直线上时，海平面升得最高，海滩和海岸都被海水淹没，这就是我们所说的“大潮”了。

为什么向水中扔石头，有时候石头会一下子沉入水中，但有时候会出现水漂？

这完全取决于你扔石头的方式！如果你想多打几个水漂，那么一定要记住这几个诀窍：尽量挑选扁圆形的石头、选择平静的水面、水平投掷石头、力度要足够大。让石头在投出去的那一瞬间就旋转起来。旋转的石头接触水面，水面会变形，然后把石头弹起。弹起后，石头飞向更远处，再落下、再被弹起，每次石头弹起的速度都会减慢，直到最后丧失全部速度沉入水中。你可以在爸爸妈妈的陪伴下，找一片平静的水域试试哦！

为什么说我们的地球太热了？

近些年来，地球的温度激增。交通、取暖、日常用电……我们生活的方方面面都跟石油、煤炭和天然气息息相关。但使用这些能源会带来污染，后果之一就是使大气层升温。被污染的大气层所含的热量过大，导致了气候恶化，引发越来越频繁的山火、洪水、干旱等灾害，两极的冰山也加速融化导致海平面上升。这些都严重威胁着地球上动植物的生存，我们人类也难以逃脱。

为什么要保护我们的地球？

地球是我们赖以生存的家园，没有地球，就不会有生命！人类给自然界带来了很大的负担，如果没有人类，植物、蜜蜂和犀牛或许能生活得更好。每个人都应该积极行动起来保护我们的星球，身体力行地为环保做贡献。比如，保护森林，维护绿色生态。树木能够净化空气，让我们更自由地呼吸。而在很多地方，比如亚马孙，人们为了获取珍贵的木材资源，为了修路建桥，为了种植庄稼而大肆摧毁森林，严重破坏了大自然的平衡，这些行为必须受到惩罚。

为什么说水是宝贵资源？

海洋里不是有很多水吗？是的，但是海水不能直接饮用。我们喝的水是由湖泊、河流、地下水层里的水净化而来的。你拧开水龙头，水就会流出来，你可以洗澡，可以冲马桶，但是你要知道，世界上还有很多地方很缺水，这些地方的居民要奔波几公里去寻找水源。有些国家水资源稀少，有时候两个国家还会为了争夺水资源发生冲突甚至开战。所以，我们绝对不能浪费水。

为什么不能乱扔垃圾？

地球又不是一个垃圾场。想象一下，你把玩具的塑料包装随手扔在地上，风一吹，塑料就会飞起来，可能最终会落到海洋里。塑料垃圾在海洋里慢慢分解成小颗粒随波逐流。海龟、鲸鱼等海洋生物过量吞食这些颗粒会导致死亡。这些塑料垃圾还会粘在一起，形成“塑料岛屿”。除了塑料，金属罐、玻璃瓶等也都不易降解。所以，我们一定不能乱扔垃圾。

为什么大船能漂在海面上？

在水中，如果你放松全身肌肉，展开四肢平躺，就能漂浮起来。水有浮力，浮力像弹簧一样把压入水里的物体托起来。当你像海星一样平铺在水面上的时候，就好像有许多弹簧在支撑着你的重量，水对你的重量的反作用力就能把你托起来了。大船能漂在海面上也是同样的道理，虽然船底会浸入水中，但是水会把船稳稳地托在水面上。这很不可思议吧？

为什么飞机能飞？

飞机飞行借助的是像鸟儿翅膀一样的机翼和动力强劲的航空发动机。飞机要在跑道上加速使气流高速流经机翼，由于空气通过机翼上表面时流速大，压强小，通过下表面时流速较小，压强大，就会产生一个向上的合力。你坐在车上时，征得爸爸妈妈的同意后，把手伸到窗外，就能感觉到空气的力量。把手指并拢并微微拱起，手背朝上，你会发现你的手会不自觉地上升，是空气在把你的手向上推，这跟飞机飞行是一个道理。

为什么飞机会在天空中留下一道白线？

在飞机飞行的过程中，发动机燃烧会产生大量高温尾气，其中含有很多的水汽。高温水汽接触到高空中潮冷的空气会快速凝结成云雾。空气越潮冷，飞机后面的白线就越长。如果高空中的空气很干燥，那么这些云雾就会很快消失，不会在湛蓝的天空中留下痕迹。

为什么我的气球能像火箭一样发射?

气球绝对没有火箭飞得那么高，但是道理是很相似的。你吹气球的时候，是把气体注入气球内部，你一撒手，气体就会瞬间被释放，气球会“嗖”的一下向相反的方向射出去。火箭发射的基本原理也是这样的：发动机燃烧燃料向后方喷射气体，气体推动火箭向上发射，把载人飞船或者卫星运送到太空中去。在太空探索、卫星通信和导航等方面，火箭都发挥着非常重要的作用。

为什么曾经有那么多恐龙？

大约2亿多年前，地球上还没有人类，就已经有了“可怕的蜥蜴”——恐龙的存在。我们熟知的恐龙有巨大无比的梁龙，体形庞大的霸王龙，还有在空中飞翔、巨型的翼龙。有的恐龙用两条腿走路，有的用四条腿走路；有的恐龙头上长角，有的恐龙背上长刺。但比较一致的是，恐龙都是卵生的。目前已经被发现和命名的恐龙有效种有600多个。恐龙世界是不是很疯狂？

为什么恐龙体形庞大？

想象一下，如果你走在森林中遇到一个体长35米、身高18米的庞然大物，肯定会被吓坏吧！地球上现有的大型动物中，只有蓝鲸能与恐龙的体形相媲美。有人认为，恐龙之所以体形这么庞大，可能与其生存时代的环境有关，那时候食物丰富、气候炎热潮湿、生存空间广阔。然而，在这些“可怕的蜥蜴”灭绝后，地球上仍有过适宜恐龙生存的条件，但这种巨型生物却再没有出现过。

为什么恐龙会灭绝？

关于恐龙灭绝的原因，科学界有多种说法。目前的分析结果是，恐龙灭绝很可能是巨大的陨石高速撞击地球后引发了一系列灾难导致的。与此同时，频繁的火山喷发和撞击事件导致大量尘埃和烟雾进入大气层，遮蔽阳光长达1年左右。没有阳光，植物停止了生长。植物减少，导致食草恐龙无法吃饱而接连死亡，进而没有了猎物的食肉恐龙也逐渐消亡。最终，在地球上生存超过1.5亿年的恐龙灭绝了，恐龙时代结束了。

为什么说鸽子是恐龙的后代？

令人难以置信的是，鸟类竟然是有羽毛的小型食肉恐龙的后代，而蜥蜴和鳄鱼反而不是恐龙的后代。始祖鸟和小盗龙确实有羽毛和翅膀，嘴里排列着非常细密的牙齿，但我们尚不清楚它们是飞行还是滑翔。这些恐龙缓慢进化，逐渐适应了飞行，经历了漫长的时间后，逐渐变成了麻雀、鹦鹉、鸭子、老鹰、鸵鸟（尽管鸵鸟不会飞）……

为什么会有恐龙化石？

因为恐龙死后，它们的尸体可能会被沙子、淤泥或黏土埋在河床底下，这些地方恰好适合保存它们的尸骨。恐龙的骨头、牙齿、蛋，有时还有粪便，慢慢地转化为含有矿物质的石头，这就是化石。数百万年来，地球的表面一直在移动、开裂，这些运动将化石带到了地壳较浅的位置。正因为有了这些恐龙化石，人类才得以了解恐龙。古生物学家根据化石重塑恐龙骨架，去想象这些有趣的生物到底长什么样。

为什么恐龙的名字很复杂?

恐龙的名字并不是随机取的。实际上，科学家们会根据恐龙化石的发现地或者某个明显的特征来给恐龙命名。比如：阿根廷龙是在阿根廷发现的；霸王龙的意思是“残暴的蜥蜴之王”，因为它确实是一个强大的猎手。英语中的“恐龙”一词出现于1842年，英国古生物学家理查德·欧文用两个希腊词语合成“恐龙”一词，意为“恐怖的蜥蜴”。

为什么龙不是恐龙的表亲？

因为龙其实并不存在，而恐龙在地球上确实存在过。神话中的龙有着庞大的身躯和锋利的爪子，的确和恐龙有些相似。而且龙的身影和恐龙化石一样遍布世界各地：龙在中国象征着祥瑞，而在希腊和维京人的神话中，龙却代表了贪婪与邪恶。但说到底，龙是人们想象出来的。龙的传说最早开始于中国，可能正是因为在中国发现了数百种恐龙骨骼化石吧。如果你感兴趣的话，可以去博物馆看看恐龙化石哦！

为什么恐龙时代没有哺乳动物？

这个说法可不对，恐龙时代也是有哺乳动物的，只不过它们只有老鼠那么大，而且经常被恐龙吃掉。直到恐龙灭绝后，这些微小的哺乳动物才得以在各大洲繁衍生息，它们慢慢进化，变成了马、大象、鲸鱼、灵长类动物等的祖先。而鳄鱼、青蛙、乌龟和淡水鱼却是在大约6600万年前的大灭绝中幸存下来的。

为什么原始人喜欢迁徙？

原始人迁徙是为了寻找食物和水源，找到更适合居住的地方。原始人最早生活在非洲，后来他们离开非洲，在很长一段时间内到处游荡，成为游牧民。他们一小群一小群地生活在一起，在广阔的土地上狩猎成群的草食动物。后来，他们到达了亚洲和欧洲。大约在12000年前，气候变暖，新的物种出现，一些人停止游荡，定居下来种植小麦和大麦，并开始饲养山羊和野猪，就这样他们最后变成了农牧民。

为什么原始人不猎杀恐龙？

在恐龙面前，原始人实在太弱小啦！还好原始人和恐龙并没有生活在同一个时代。如果6600万年前恐龙没有灭绝，人类可能永远不会诞生。因为在恐龙时代，哺乳动物的生存空间十分有限，而人类的祖先——小型哺乳动物，在恐龙灭绝后才得以繁衍生息，最后经过几百万年的进化成为智人，也就是我们人类！

为什么原始人全身长毛？

因为原始人生活的时代还没有衣服这种东西！原始人从脚尖到头顶都像动物一样长满了毛，这能让他们更好地抵御寒冷，还能减少摩擦、碰撞对皮肤带来的伤害。大约在几百万年前，人类开始用两条腿直立行走，长长的毛开始脱落或变短，最后只剩下头发能长很长了。然后又过了很久，人类开始用骨针缝制兽皮衣服。

为什么“史前时代”的开始时间有争议？

一般我们认为，史前时代是指人类出现之后到文字出现之前的时代。有些历史学家认为史前时代始于700万年前，另一些历史学家则认为始于450万年前。大家之所以各持己见，是因为还没有人能弄清楚我们的祖先到底是谁。每发现一具原始人骨骼，科学家们就会想：这会不会是人类的祖先呢？到底是图根原人？还是能人或匠人？但是无论如何，史前时代随着文字的诞生而结束，这一点毋庸置疑。

为什么原始人喜欢绘画?

我们倾向于认为我们遥远的祖先是皮糙肉厚的野蛮人，他们需要花很多时间来猎杀猛犸象。但事实并非如此简单！原始人还会在洞穴的墙壁上画出猛犸象、犀牛、马和鹿的样子，然后用他们从自然界收集的颜料给壁画上色：黑色用木炭，红色用黏土，黄色用赭石。你可以到法国看一看拉斯科洞窟或肖维岩洞，这些宏伟的洞窟能让你对原始人的壁画作品有更多了解！

为什么欧洲的原始人不吃炸薯条？

因为马铃薯直到500多年前才传到欧洲，所以欧洲的原始人根本不知道马铃薯的存在！原始人最初的食谱里包括肉、活鱼、植物根茎和多汁的浆果等。起初，他们只满足于吃动物的残骸，后来，他们完善了自己的狩猎技术，开始追逐猎物：他们会把猛犸象赶进沼泽里。猎获猛犸象的机会很难得，一旦得手，一头猛犸象身上的肉和脂肪足够一个部落的族人吃上好久。

为什么说火的发现改变了一切?

早期，人类从自然火灾中收集火种，然后试图在火焰不熄灭的情况下将其带回居住地。人类很早就知道火不仅能加热食物和取暖，还是一种完美武器，能保护自己不受饥饿动物的伤害。渐渐地，人类学会用棍子在木头上摩擦或用两块石头互相敲打来生火。学会了用火，人类的生活条件大大改善：暗夜里有了光明，寒冬时有了温暖，饥饿时有了熟食，狩猎时有了坚硬又锋利的长矛。

为什么原始人不住在山洞里？

并不是所有的原始人都住在山洞里，寒冷地区的山洞里又冷又湿，洞穴深处的空气也不流通。与人们长期以来的想法不同，原始人更喜欢住在洞穴的入口处，尤其喜欢住在用树枝或兽皮盖的茅屋里，这样的茅屋能保护他们免受雨水、寒冷和野兽的侵害。在没有树枝的情况下，原始人还会用猛犸象的骨头盖房子。对了，原始人会到山洞里画画！

为什么埃及人要建造金字塔？

金字塔是一座巨大的陵墓，但只有法老、王后和一些贵族的尸体才有资格被放进去。法老是埃及人的国王，自称是古埃及太阳神“拉”的儿子。人们认为，金字塔的外形代表一条通往太阳的天梯。建造高约146米的胡夫金字塔，共用了大约230万块大石块，平均每块重约2.5吨。据古希腊历史学家希罗多德的估算，修建胡夫金字塔一共用了20年时间，每年用工10万人。

为什么埃及人要制作木乃伊？

因为埃及人相信法老死后会复活。为了让法老复活，首先就要做到让他的身体保持原状。在将死者装入石棺之前，尸体要做防腐处理。首先，除心脏外，所有的器官都要被摘除，然后晾干尸体。接下来，要给尸体涂上香料，用布条包裹起来。最后，这具做好的木乃伊会被放在第一个石棺里，然后又被嵌套进第二个石棺里，接着是第三个石棺，所有的石棺上面都雕刻着精美的图案。

为什么古埃及的象形文字难以理解？

古埃及的象形文字是一种非常复杂的文字，在很长一段时间里，一直无法被破译。直到大约200年前，法国人商博良揭开了这种“圣书体”的神秘面纱。因此，我们现在知道，这种文字可以从右到左，或从左到右，或从上到下进行阅读。像猫头鹰一样的符号既可以代表动物，也可以代表字母“m”。在古埃及时代，负责记录重要事件的录事们，要熟知成百上千个象形文字！

为什么埃及人有这么多的神？

因为在埃及人看来，一切都属于诸神世界。“拉”是太阳神，没有他就没有生命。白天，太阳神乘坐一艘金色的“太阳船”在天河游荡，晚上，他就登上另一艘船，穿越奥西里斯神统治的死亡地狱；伊西斯——奥西里斯的妻子，守护着他们的儿子“天空之神”荷鲁斯；托特是智慧之神，哈托尔是爱与欢乐的女神，贝斯是让邪灵远离房屋的神……仔细算一算，埃及人崇拜的神灵真是太多了！

为什么城堡要建造得很坚固？

坚固的城堡才能更好地保护住在城堡里的人呀。在中世纪，法国国王权力十分有限，而战争和危险却接连不断。为了保护自己，贵族们常常在高处建造石头城堡。城堡的城墙很厚，有时周围还有护城河；一座高耸的吊桥能阻止敌人进入城堡；岗哨上的卫兵来回巡逻，时刻关注着周围的情况；城堡主楼通常是一座方形或圆形的“高塔”，主要供贵族一家居住。

为什么在中世纪的欧洲成为一名骑士很难？

通常只有贵族的儿子才能成为骑士。首先，贵族的儿子们要学会读书、写字、算数、侍奉贵妇人和为她们演奏音乐，然后他们会离开自己的家，被送到封建领主的家中学习骑士技艺，比如骑术和剑术。接着他会成为侍从，为主人看管甲胄、武器和马匹，协助主人参加比赛、狩猎或上战场打仗。最后，经过多年的学徒生涯，他被授予骑士身份，履行授甲仪式，终于成为一名正式骑士。

为什么骑士都有一匹马？

骑士没有马，怎么能被称为骑士！一个富裕的骑士通常会拥有几匹战马，因为在战场上，战马经常会被俘或被杀。体格强壮的马匹负责携带装备，速度快的骏马则参加战斗。马在战斗中要承受很多苦难，因为它们是步兵和弓箭手的首选目标。为了保护战马不被暗箭射中，它们的主人会给它们披上马铠，戴上金属头盔。

为什么骑士要穿盔甲？

骑士穿盔甲是为了避免自己被刀剑和长矛刺伤。一套盔甲非常重，在战斗中，如果骑士从马背上摔下来，那他就无法爬起来再回到马背上。然后他可能会被同伴的马践踏，也可能被俘或者被杀。在1415年法国与英国的阿金库尔战役中，很多法国骑士就因为无法回到马背上而牺牲。骑士还戴着一顶沉重的鸟喙形头盔，这有些妨碍他们的视线和呼吸，但无疑是对他们的保护。另外，一个完美骑士还必须携带长矛、剑和金属盾牌，否则他的装备就不算完整。

为什么骑士要参加比武大会？

骑士参加比武大会是想要获得荣誉和财富。比武中的胜利者，有机会加入一个更强大领主的军队。但在被领主关注到之前，骑士需要训练多年，要做到一只手驾驭马匹，另一只手握住长矛，还要能撑得起盔甲的重量，承受得住敌人的击打，忍受得了伤口的疼痛。在比武大会上，骑士们跨上战马，把长矛夹在腋下，勇往直前攻击对手，力量之大甚至能把对手的盔甲击成碎片。

为什么亚瑟王的骑士团要围坐在圆桌旁？

因为圆桌代表平等和团结！传说中的12位骑士在圆桌上议论国内事务，每个人都被允许自由发言。亚瑟王也坐在圆桌旁，自从他拔出了岩石上神奇的“王者之剑”，他就成了国王。只有一个座位空着，那是为世界上最好的骑士保留的，他会是谁呢？在梅林的协助下，骑士们开始寻找盛过基督之血的圣杯。这些讲述英勇骑士事迹的故事创作于一千年前，很不可思议，对吧？

为什么骑士要与龙作战?

当然是为了拯救世界!在欧洲的神话里,龙往往是要被杀死的怪物。比如《圣乔治屠龙》的故事:为了让可怕的巨龙安静地离开城市,国王把女儿许给它。骑士圣乔治与龙搏斗并杀死了这条恶龙,同时也拯救了公主。还有在北欧神话中,骑士齐格弗里德与可怕的恶龙法夫纳对峙。齐格弗里德赢得了战斗,并拿走了恶龙的魔戒,魔戒让他获得神奇的力量。

为什么女王和国王要戴王冠？

因为王冠是权力的象征。在罗马时代，像恺撒这样的军事统帅已经戴上了由月桂树枝编织而成的桂冠。在中世纪，贵族也会戴镶有宝石的金属冠冕。从16世纪弗朗索瓦一世时期开始，只有君主才有权佩戴金冠，因为他们拥有上帝赋予的权力，是至高无上的王者。此外，顶端有一只“正义之手”的权杖、宝剑、戒指，甚至是带有百合花的蓝色斗篷，都是王权的象征。

为什么海盗如此残忍？

海盗只遵从一个信念：强者为王。海盗们什么都不怕，夜幕降临时，他们扬起风帆，去追寻那艘觊觎已久的大船。海盗登船啦！他们将船上的所有人赶尽杀绝。收集好战利品，海盗们就会回到他们的岛上。现在我们之所以没有发现很多宝藏，是因为与罗伯特·路易斯·史蒂文森在小说《金银岛》中描写的不同，海盗们并没有埋葬他们的战利品，而是将宝藏都瓜分殆尽了。

为什么航海家要探索“新大陆”？

探索“新大陆”是为了更加了解这个世界。其实，原始人在饥饿的驱使下，已经在不知不觉中成为探险家。其实很早以前，科学家就确定了大陆的轮廓和海洋的数量。大约在16世纪，欧洲统治者为了扩张领土，派遣航海家去寻找新的土地。其中最著名的是克里斯托弗·哥伦布，他于1492年登陆了当时还不为人知的美洲大陆。因为当时他以为自己在印度，所以他称那里的居民为“印第安人”。继他之后，其他航海家很快就完成了环游地球之旅。

为什么法国不再有国王?

1789年，法国贫富差距悬殊，人民疾苦难当，于是法国人决定反抗国王、贵族和所有有权势的人。他们拿起武器，在几个月内就结束了国王的统治。后来，国王路易十六和王后玛丽·安托瓦内特被处决，这就是著名的法国大革命。但是直到一百多年以后，法国才建立了较为稳定的共和政权，每五年人民会投票选出总统和国民议会议员。

为什么总是有战争？

因为人类的想法总是不一致：总有人想要更多领土和更多财富。一些人想要统治另一个民族，将宗教信仰强加于他人；而另一些人则要保护自己，抵御外敌入侵……反正，战争的理由多不胜数。20世纪的两次世界大战夺去了数千万人的生命，然而不幸的是，直到如今战争也没有消失。战争使人们流离失所，只能到难民营或其他地区寻求庇护，他们不得不重建新的家园，重新开始漫长而艰难的生活。

为什么节假日不用去上学？

放假就是让你可以好好庆祝这些节日呀。一个国家的法定节假日通常与这个国家的历史和文化有关。春节是中国最重要的传统节日，也是农历新年的开始；清明节是中国传统的祭祀节日，人们会扫墓、祭拜祖先。与历史有关的节日有国庆节、劳动节。在有些国家，人们会庆祝某些宗教节日，比如复活节。

为什么有人信神，有人不信？

有人相信唯一真神的存在，认为是某种无形的力量创造了世界和人类。也有人相信有众多的神。这些神在不同的文化里会被称为上帝、安拉、佛陀、梵天等。他们的信徒根据自己的宗教信仰以独特的方式向神祈祷。但也有一些人不相信这些神。他们认为神是人们捏造出来的。实际上，没有人知道神是否存在，只是每个人都可以选择相信或者不相信，而且也要相互尊重彼此的宗教信仰。

为什么人们创造了艺术？

艺术可以让世界更有趣呀！艺术不仅是书中的插图或者博物馆中的画作，也包括雕塑、摄影、涂鸦、影视、戏剧、音乐、舞蹈、建筑等。艺术能激发人的创造力，再现我们的现实生活，有时还能表达我们的感受，比如快乐、悲伤、愤怒等。其实，我们遥远的祖先画在洞穴墙上的动物就已经是最早的艺术作品之一了。接触、了解艺术品，或亲手制作一件艺术品，能让我们的生活更有趣哦！

为什么人们创作了音乐？

你听！风在呼吸、雨在拍打、鸟在鸣唱……其实音乐一直存在于大自然中！人们认为原始人唱歌和拍手，可能是为了娱乐或给自己壮胆。在中国，周代就已经有了音乐学校；在中世纪的欧洲，也出现了音符，于是有了西方古典音乐。美妙的音乐唤醒了人们的耳朵。后来，其他乐器、节奏的融入让音乐更加丰富多彩。其实，不用多复杂，简单的曲调就足以让人陶醉其中！

为什么人们创造了文字？

文字可以让我们更好地记录过去的事！5000年前，人类画出的各种形状，就是已知最早的文字形式。比如埃及人画的一直很难破译的象形文字；比如在纸的诞生地——中国——人们也用象形文字记事。在法语中，法国人用26个拉丁字母取代了复杂的象形文字，用它们组成单词和句子来讲述精彩的故事。你读的故事书也都是用文字写出来的呀！

为什么我喜欢听故事？

你一听到“从前……”这个有魔力的词语时，就会竖起耳朵、睁大双眼，因为我们马上就要进入一个神奇的想象世界了：森林有魔法，动物会说话，孩子比大人更强壮，超级英雄漫天飞，月亮和太阳会对你微笑……这些故事多么有趣动人、多么惊险啊！听故事的同时，你还可以学到很多关于生活的知识。一个故事讲完了，你总希望：“再讲一个吧！”不过现在，你要相信，你自己也可以编故事啦！